节气歌

春雨惊春清谷天，
夏满芒夏暑相连，
秋处露秋寒霜降，
冬雪雪冬小大寒。
上半年逢六、廿一，
下半年逢八、廿三，
每月两节不变更，
最多相差一两天。

扫码获取
免费音频资源
（节气歌+古诗词）

讲给孩子的二十四节气

刘兴诗 / 文　　段张取艺 / 绘

長江出版傳媒
长江少年儿童出版社

鄂新登字 04 号

图书在版编目（CIP）数据

讲给孩子的二十四节气．冬 / 刘兴诗著；段张取艺绘．— 武汉：长江少年儿童出版社，2018.6

ISBN 978-7-5560-8164-6

Ⅰ．①讲… Ⅱ．①刘… ②段… Ⅲ．①二十四节气—儿童读物 Ⅳ．①P462-49

中国版本图书馆 CIP 数据核字（2018）第 066634 号

讲给孩子的二十四节气·冬

刘兴诗 / 文　段张取艺 / 绘

出品人：李旭东

策划：周祥雄 柯尊文 胡星　责任编辑：胡星 熊利辉 陈晓蔓

美术设计：程竞存　插图绘制：段张取艺　冯茜　周祺翱

合唱：微光室内合唱团　童声歌曲：钟锦怡　童声朗读：刘浩宇 李辰阳 马忆晨 张若夕 王雨涵 王熙睿　指导老师：熊良华

出版发行：长江少年儿童出版社

网址：www.cjcbg.com　邮箱：cjcpg_cp@163.com

印刷：湖北恒泰印务有限公司　经销：新华书店湖北发行所

开本：16 开　印张：3　规格：889 毫米 ×1194 毫米　印数：27001-32000 册

印次：2018 年 6 月第 1 版，2020 年 3 月第 5 次印刷　书号：ISBN 978-7-5560-8164-6

定价：30.00 元

立冬

天冷了，白胡子冬爷爷来了。

橙子黄了，橘子绿了，荷叶、菊花都衰败了。

秋收早过去了，该是冬藏的日子啦。

瞧，动物们已经进入冬眠状态，人们正在抓紧储备粮食和畜牧过冬的草料呢。

关于立冬

立冬是“十月节”，农历二十四节气中的第十九个节气。此时太阳运行到黄经225°。时间点在11月7日至8日，进入“三冬”中的孟冬时节。立冬标志着冬季开始，有万物收藏、躲避寒冷的意思。这时候，秋季作物全部收晒完成，收藏入库。一些动物也藏起来，准备安安稳稳冬眠。此时平均气温降到10摄氏度以下，我国很多地方在立冬这一天有进补的习俗，叫作“补冬”。这样可以补充体能，增强体质，以应对寒冷冬天的到来。

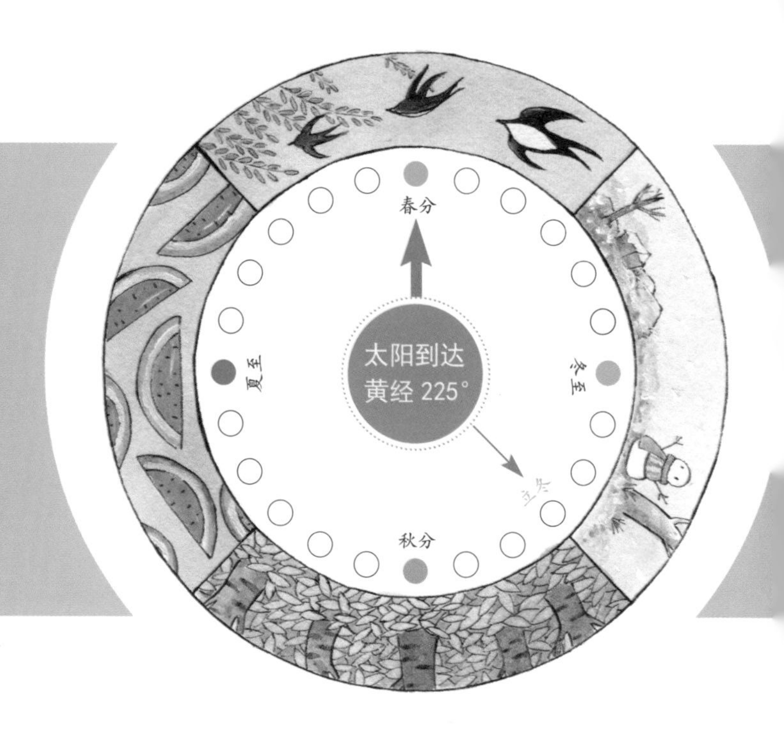

『立冬三候』

初候　水始冰

立冬节气来临，冷空气活动频繁，气温迅速下降。水开始冻结了，不过刚刚结冻，还不是很坚固。

二候　地始冻

这时候，北方大部分地区气温降至0摄氏度以下，大地开始封冻，但还没有冻得硬邦邦的。

三候　雉入大水为蜃

立冬后，野鸡一类的大鸟很少出现，海边却有外壳花纹、颜色与野鸡相似的大蛤，古人以为野鸡变成大蛤了。

『节气散文诗』

立冬时节是什么样子？请看苏东坡的一首诗：

赠刘景文 ·冬景

荷尽已无擎雨盖，菊残犹有傲霜枝。
一年好景君须记，最是橙黄橘绿时。

荷叶、菊花残败，橙黄橘绿，就是秋末冬初风景的最好写照。苏东坡好像高明的画家，简单几笔就勾绘出这个节气风景的特点。

立冬的这一天，传递的消息就是一个“冷”字。“冷”就是这个节气的特征。

咱们中国非常大，不同的地方气候不一样。

你看，北方的菊花已经凋残，万物开始凋零，冬天来临了。

你看，太湖上，一群南飞的大雁随着天上的云慢悠悠飞着。几座闷沉沉的山峰，似乎正在不声不响地酝酿一场暮雨呢。这就是江南初冬的景色，天气有一些冷，可还没有飘起雪花。

『立冬植物』

银杏流金

忍冬沐浴

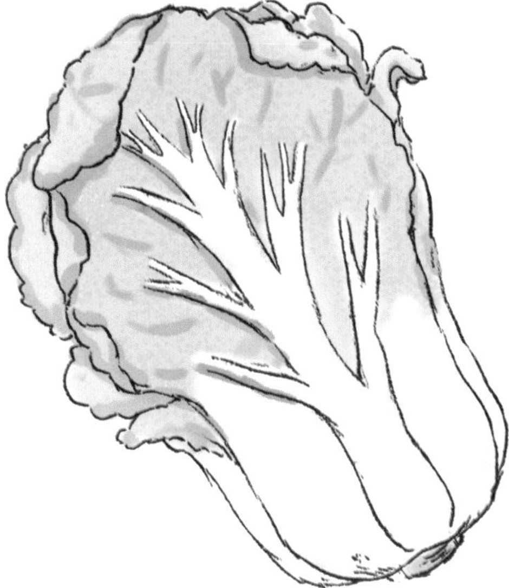

大白菜

农业生产活动

立冬这个节气，有秋收冬藏的含义。

立冬前后，我国大部分地区降水显著减少。东北地区大地封冻，所有的农作物都进入越冬期。长江中下游大多数地方的“三秋”已经接近尾声。江南正忙着抢种冬小麦，抓紧时间移栽油菜。华南却是“立冬种麦正当时”。另外，立冬后空气变得十分干燥，土壤含水分较少，林区的防火工作也要提上重要的工作日程。

农家收藏过冬的食材

谚语

· 立冬晴，一冬凌；立冬阴，一冬温。

· 立冬雪花飞，一冬烂泥堆。

· 立冬白菜赛羊肉。

传统习俗

迎冬

在我国古代，立冬不仅是一个重要的节气，也是一个重要的节日。在周朝，君王会在立冬日率领文武百官到郊外举行盛大的祭礼仪式，叫作“迎冬”。后来，这种传统仪式被一直传承下来。

贺冬

贺冬又称“拜冬”，从汉代开始流行。古代，每逢立冬日，人们便会更换新衣，团聚在一起庆贺。现代，人们庆祝立冬的方式有了创新。在我国很多地方，立冬之日，人们会用冬泳这种方式迎接冬天的到来。无论在北方还是南方，冬泳都是冬季人们喜爱的一种强身健体的方式。

补冬

立冬后，一年的冬季正式来临，草木凋零，蛰虫休眠，万物活动趋向休止。人类虽没有冬眠之说，民间却有立冬“补冬”的习俗。在南方，人们会吃些滋阴补阳、热量较高的食物，如鸡、鸭、鱼等，有的还会将这些食物和中药（如当归、川芎、芍药、生地等）一起煮，来增加药补的功效。

节气故事会

『立冬吃饺子的故事』

1. 俗话说："立冬不端饺子碗，冻掉耳朵没人管。"据说，早在东汉末年饺子就出现了。只不过那时的饺子和现在的馄饨差不多，直到唐代才和现在一样。

2. 据说，饺子的产生和东汉时期的"医圣"张仲景有关系。有一次，他回家乡正好赶上立冬，天气非常寒冷。许多老乡的耳朵被冻伤，加上当时伤寒流行，很多人病死了。

3. 于是，张仲景搭起棚子，支起大锅，把羊肉、辣椒和祛寒提热的药材放在一起煎熬，然后用面皮包成耳朵的形状，连汤带食送给老乡吃。这种食物专治耳朵冻疮，被称为"祛寒娇耳汤"。

4. 老百姓吃了这种食物，不仅能够抵御伤寒，也治好了被冻伤的耳朵。大家就照着张仲景这种方法做，把它叫作"饺耳""饺子"，一直流传到今天。

小雪

天空中飘起了雪花，开始下雪了。

下雪时，不是太冷。雪后的阳光，更加暖洋洋。

这时候，工人正在给马路旁的树干刷石灰水，农民伯伯在房屋的院子里挖地窖，把越冬的蔬菜藏进地窖里。

关于小雪

小雪是“十月中”，农历二十四节气中的第二十个节气。此时太阳运行到黄经 240°，时间点在 11 月 22 日至 23 日，仍然处在“三冬”的孟冬阶段。小雪表示降雪拉开序幕，但是雪量不大，是反映降水现象的节气。到了小雪节气，因强冷空气活动频繁，我国北方地区常常会出现入冬以后的第一场降雪，南方地区北部也开始进入冬天。俗话说“小雪不见雪，小麦粒要瘪”，由此可见，小雪时节的降雪对农业生产和居民生活有很大帮助。

『小雪三候』

初候　虹藏不见

小雪时节，强冷空气活动频繁，北方天气以下雪为主，很少下雨，所以看不见雨虹了。

二候　天气上升，地气下降

古人说，此时天空阳气上升，地面阴气下降，导致阴阳不交，天地不通，进入封冻季节。

三候　闭塞成冬

小雪节气来临，万物失去生机，天地闭塞而转入严寒的冬天。

『节气散文诗』

小雪节气到底是什么样子？

请看北宋著名文学家黄庭坚的描述：

次韵张秘校喜雪三首（其三）

满城楼观玉阑干，小雪晴时不共寒。
润到竹根肥腊笋，暖开蔬甲助春盘。
眼前多事观游少，胸次无忧酒量宽。
闻说压沙梨己动，会须鞭马蹋泥看。

你看，一场雪过后，全城楼台的栏杆盖满新雪，似乎都是白玉做的。太阳出来了，这一场雪后还不算太冷，也没有什么灾害。融化的雪水滋润了冬笋，对一些蔬菜生长也有好处。

小雪不仅没有吓唬住人，反倒增添了人们出门游玩的兴致。

是啊，这时候飘飞的雪花，并不是那么严酷寒冷，加上暖洋洋的雪后阳光，呈现一幅素净的冬日图画，反倒有一些温馨的感觉呢。

『小雪植物』

农业生产活动

俗话说“小雪地封严”，意思是小雪时节没法种庄稼了。这时候，农民伯伯要注意农作物越冬防寒，牲口防寒保暖。北方的果树要修枝，并且用草绳包扎起来，防止受冻；一些蔬菜也要藏进地窖储存起来了。

有一句谚语说：“小雪雪满天，来年必丰年。”小雪时的降雪对农业生产十分有益。首先，下雪可以冻死一些病菌和害虫，减少下一年病虫害的发生；其次，积雪有保暖作用，可以促进土壤的有机物分解，增强土壤肥力；第三，根据人们长期的经验判断，小雪落雪，下一年必定雨水均匀，没有大旱大涝，所以瑞雪兆丰年。

冬季果树护理

谚语

- 节到小雪天下雪。
- 小雪封地，大雪封河。
- 小雪不耕地，大雪不行船。
- 小雪大雪不见雪，来年灭虫忙不歇。

传统习俗

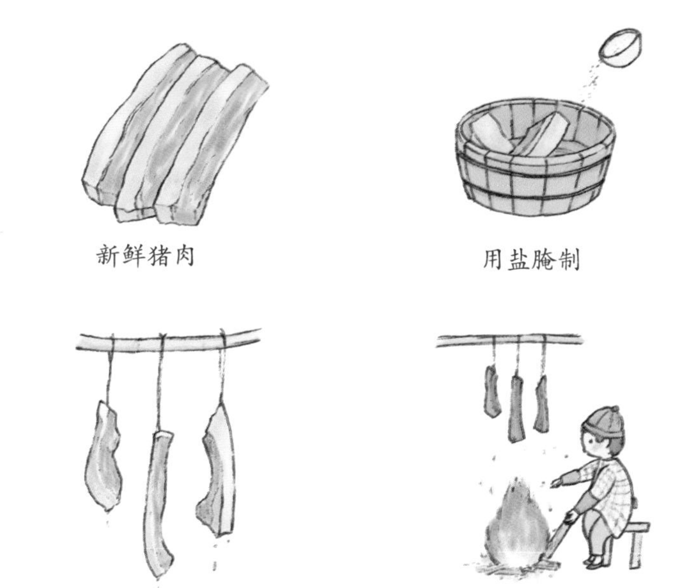

腊肉的制作过程

腌腊肉

我国民间有“冬腊风腌，蓄以御冬”的习俗。小雪节气，气温急剧下降，天气变得干燥，是腌制腊菜的好时候。一些农家开始动手腌制香肠、腊肉，用传统方法把肉类储藏起来，等到春节时享用。

吃刨汤

小雪前后，我国西南地区举行一年一度的“杀年猪，迎新年”民俗活动，给寒冷的冬天增添热闹的气氛。吃“刨汤”，是土家族的风俗习惯。人们用热气尚存的上等新鲜猪肉，精心烹饪美味的“刨汤”， 来款待亲朋好友。

吃糍粑

我国南方有农历十月小雪节气前后吃糍粑的习俗。糍粑是一种将糯米蒸熟捣烂后制成的食品。古时，糍粑是南方地区传统的节日祭品，最早是农民用来祭牛神的供品，俗语“十月朝，糍粑碌碌烧”，就是指用糍粑祭祀。

节气故事会

『吃糍粑的故事』

1. 春秋末期，楚国臣子伍子胥为报父仇投奔到吴国，帮助吴王阖闾坐稳江山，成为吴国的大功臣。有一次，吴王命令他修建“阖闾大城”。城建成后，大家都很高兴，只有伍子胥闷闷不乐。

2. 伍子胥说：“我结的仇人太多了，我不会有好下场。我死以后，如果老百姓没有吃的，就在相门下面挖地三尺，就能找到食物。”不久吴王夫差上台，听信奸臣的话，命令伍子胥自杀了。

3. 伍子胥死后不久，越王勾践带兵包围吴国都城。这时正是天寒地冻的年关，老百姓没有吃的。有人想起伍子胥生前留下的话，便挖开相门城墙，发现许多用熟糯米压制成的砖块。大家将这些砖块重新蒸煮后食用，渡过了难关。

4. 原来这是伍子胥用来储备粮食应付灾荒的。后来，人们每到年底，就用同样的办法做出“城砖”一样的糍粑，糍粑成为南方地区的传统美食。

大雪

千里冰封，万里雪飘，雪越来越大了。

北方许许多多小河、小湖、池塘都冻结成冰了。

你看，大地盖上了厚厚的雪棉被，树枝也被大雪压弯了，大人带着小孩在雪地里打雪仗、滚雪球，可开心啦。

关于大雪

大雪是“十一月节”，农历二十四节气中的第二十一个节气。此时太阳运行到黄经255° 。时间点在12月6日至8日，标志着“三冬”中的仲冬时节正式开始。大雪和小雪、雨水、谷雨等节气一样，都是直接反映降水的节气。大雪的意思是天气更冷了，降雪的可能性比小雪时更大了。这时候，我国大部分地区的最低温度都降到0摄氏度或以下，常常出现大雪、冻雨、雾霾等天气，但是整体气候比较干燥，要注意森林防火。

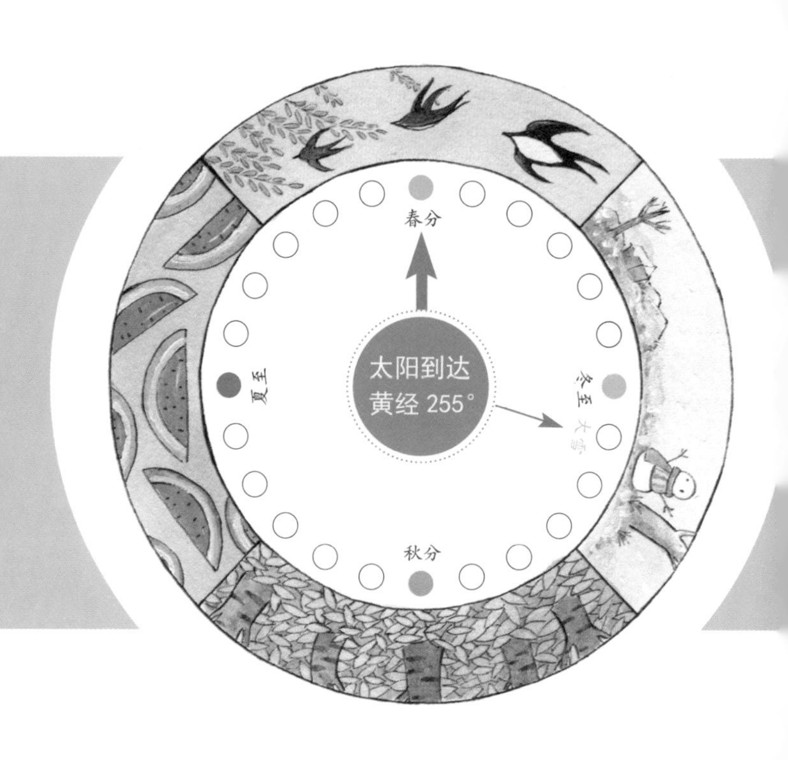

『大雪三候』

初候　鹖旦不鸣

鹖旦就是寒号鸟，是哺乳动物，叫复齿鼯鼠。大雪时节，天气寒冷，平时最爱啼叫的寒号鸟也不叫了。

二候　虎始交

古人说，虽然大雪时节阴气最盛，但是阳气已经有所萌动，是虎开始求偶交配的时期。

三候　荔挺出

荔挺是兰草的一种。这时候，它感受到阳气的萌动，开始抽出新芽，孤单地长出地面。

『节气散文诗』

大雪时节是什么样子？

请看唐代著名文学家柳宗元的一首诗：

江雪

千山鸟飞绝，万径人踪灭。
孤舟蓑笠翁，独钓寒江雪。

你看，一座座山上瞧不见鸟儿的影子，一条条路上也没有人的影子。只有一个披着蓑衣、戴着笠帽的老渔翁，独自在寒冷的江上静悄悄垂钓。远远看去，他似乎在钓一片片从空中飞落下来的雪花呢。

描述大雪的古诗有很多。

李白说："欲渡黄河冰塞川，将登太行雪满山""燕山雪花大如席，片片吹落轩辕台""地白风色寒，雪花大如手"。这几句诗不仅展现了大雪时节的风光，还描绘了雪片大小，真是细致入微。

苏东坡联系这个时节的农业生产，说得更好。他说的"玉花飞半夜，翠浪舞明年"，岂不是瑞雪兆丰年的意思吗？

『大雪植物』

农业生产活动

大雪时节，北方天寒地冻，冬小麦已经停止生长。南方的小麦、油菜却还在缓慢生长，要注意施肥、清沟排水，为安全越冬和来年春天的生长打好基础。如果雪下得不够，要在天气稍微转暖时浇一两次冻水，提高小麦越冬能力。

此外，趁着这时候农闲，要加紧开展兴修水渠、积肥造肥、修补仓库、储藏粮食等活动，正所谓“大雪纷纷是旱年，造塘修仓莫等闲”。

油菜追施腊肥

谚语

· 麦盖三床雪，瓮里粮不缺。

· 冬无雪，麦不结。

· 冬有三尺雪，人有一年丰。

· 大雪飞，好攒肥。

传统习俗

喝雪菜汤

大雪节气前后，新鲜雪菜逐渐上市。雪菜又叫雪里蕻，属于性温、味甘辛的蔬菜。雪菜含有较多的维生素C，有助于增加大脑的氧含量，起到醒脑提神的作用。天寒时节记得喝碗雪菜汤。

大雪进补

我国民间有“冬天进补，开春打虎”的说法。大雪进补能够提高人体的免疫力，促进新陈代谢，使畏寒现象得到改善，对健康很有好处。这时候还可以吃柚子、橘子等当季水果。

冰雪活动

“小雪封地，大雪封河”，北方有“千里冰封，万里雪飘”的自然景观，南方也有“雪花飞舞，漫天银色”的迷人图画。到了大雪节气，打雪仗、堆雪人、滑雪、冬泳，都是这个时候锻炼身体的活动。

节气故事会

『苏武牧羊的故事』

1. 两千多年前，汉朝和北方的匈奴打仗。停战时双方谈判，汉朝派出一个叫苏武的外交使节。不料，匈奴无理扣留苏武，要他低头投降。苏武牢牢握住外交节杖，宁愿死也不投降。

2. 匈奴王使出一招，把他流放到遥远的北海（贝加尔湖）边上去放羊。苏武沉着气，紧紧握着代表国家荣誉和自己身份的外交节杖，怀着忠诚的心，在寒冷荒凉的北海边度过了19年。

3. 汉朝一直专门派人同匈奴交涉。匈奴造假说苏武早就死了。聪明的汉朝使者打听到真实情况，也编故事说："他明明没有死。他写信说自己在北海边放羊，我们的皇上了解到情况，派我来带他回朝。"

4. 匈奴王只好乖乖地把苏武送回去。苏武回到久别的祖国，向皇帝交回节杖，表示自己没有让国家受屈辱。他的坚强不屈的精神，值得尊敬。

冬天来了，春天还会远吗？

我们从冬爷爷的身后，已经隐隐约约瞧见春姑娘的影子了。

你看，奶奶和妈妈在包饺子，小孩们在玩九九消寒图的游戏。一家人做了一顿丰盛的晚餐，围在一起过冬至节。

冬至

关于冬至

冬至是“十一月中”，农历二十四节气中的第二十二个节气。此时太阳运行到黄经 270° 。时间点在 12 月 21 日至 23 日，还处在“三冬”中的仲冬阶段。这时候北半球的太阳影子最长，是一年中白昼最短、夜晚最长的一天。冬至以后，北半球白昼一天天变长，气温却还在持续下降，进入一年气温最低的“三九”时段。冬至是中国的一个传统节日，曾有“冬至大如年”的说法，民间会举行祭祀活动。

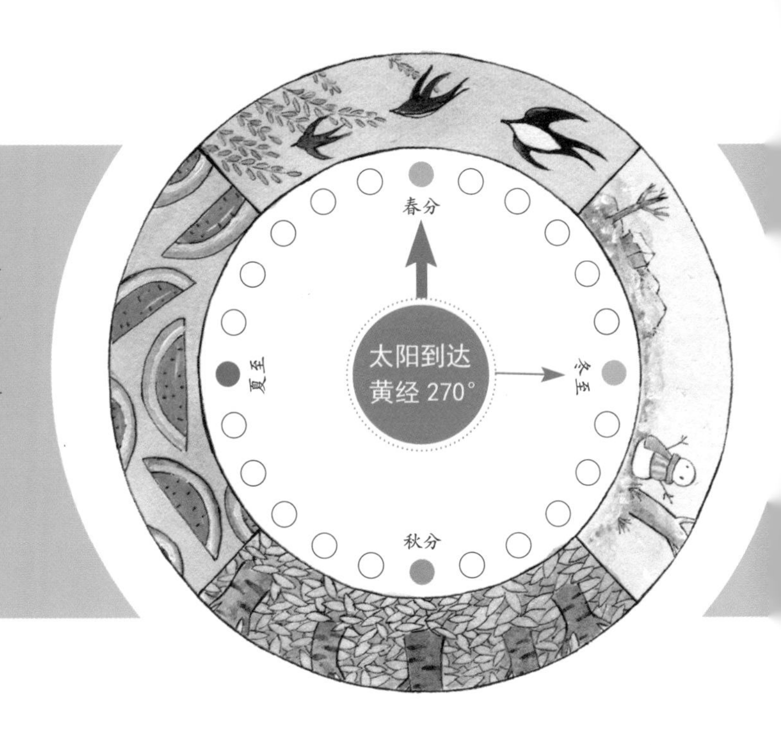

『冬至三候』

初候　蚯蚓结

据说蚯蚓是阴曲阳伸的生物，此时阳气虽已生长，但阴气十分强盛，土中的蚯蚓仍然蜷缩着。

二候　麋角解

冬至节气，麋鹿感受到天气的变化，它们的角会自动脱落，等到第二年夏天才长出新角。

三候　水泉动

古人认为，冬至时，万物开始由静转动。此时山中的泉水可以流动，并且是温热的。

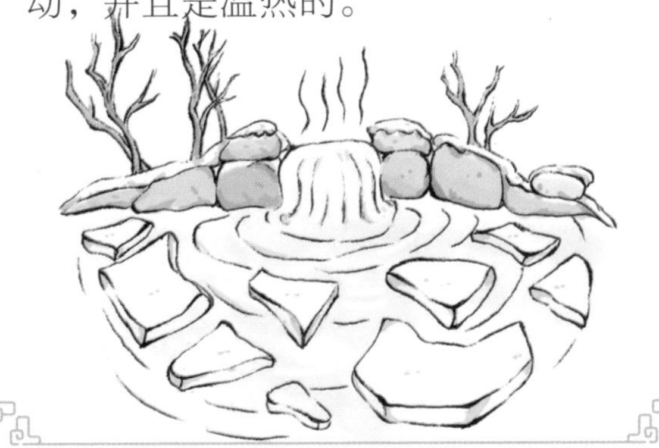

『节气散文诗』

冬至节气是什么样子？ 请看苏轼的作品：

冬至日独游吉祥寺

井底微阳回未回，萧萧寒雨湿枯荄。
何人更似苏夫子，不是花时肯独来。

瞧呀，微微的阳光，萧萧的冷雨。这是游玩的时光吗？大家都窝在家里，只有与众不同的苏老夫子，没有花的时候也来玩。这表现出他满不在乎的潇洒态度，也显示出这会儿的环境状况。

常言道，冬日可爱。冬天的太阳晒得人们一身暖烘烘的。人们身子骨一舒服，就什么都不多想了，简直像进入出世解脱的境界。

哼哼哼，这样的滋味真带劲儿呀！

冬至的确很冷，可是在达观的人看来，它不过是一年中时间演变的一个环节。随着时间运转，冬至过了，美好的春天又将到来。

『冬至植物』

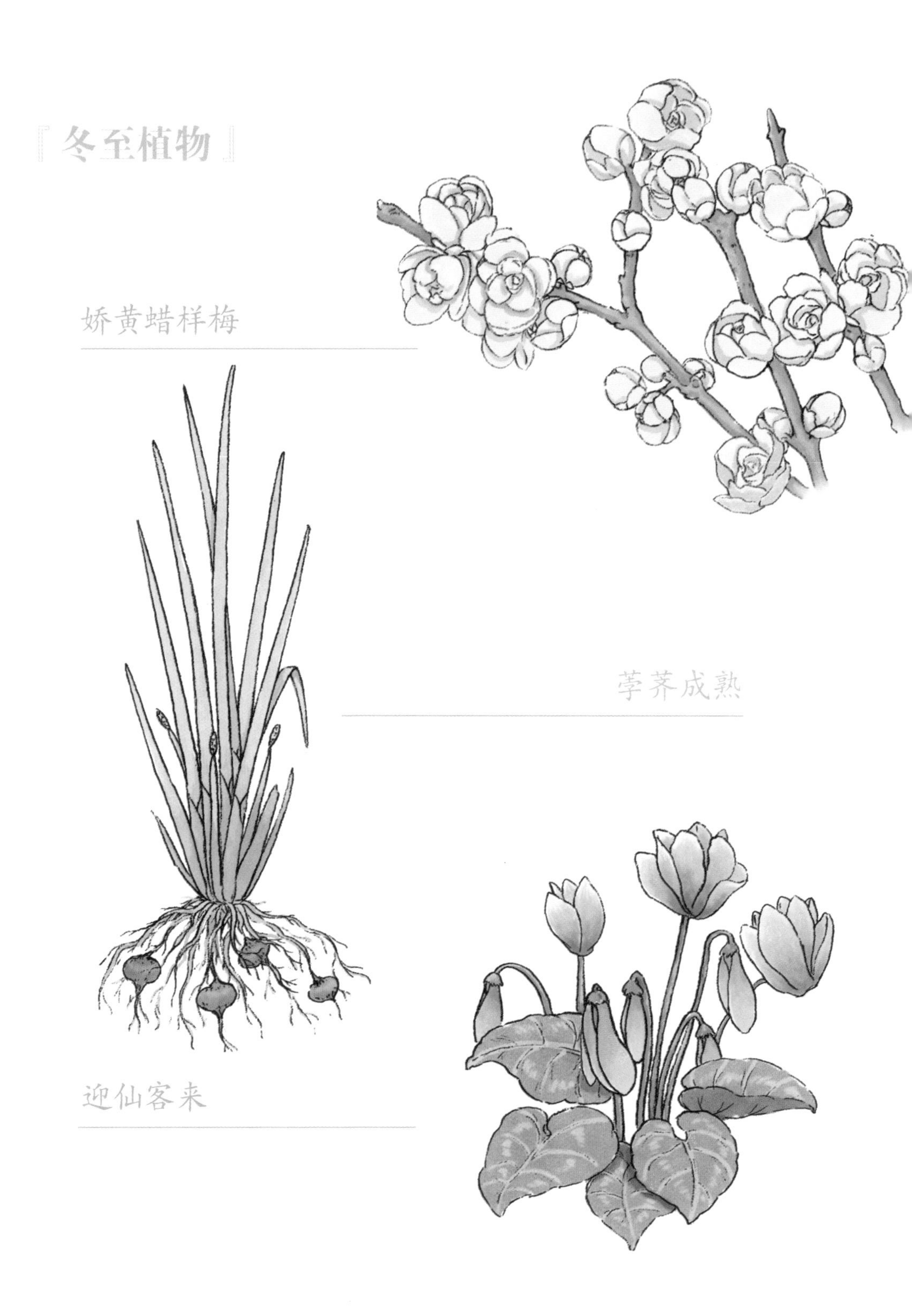

农业生产活动

冬至时节是数九寒冬的时候，积热最少，温度最低，天气也就越来越冷，农业生产活动自然不多。这个阶段，人们抓紧大搞农田基本建设，积肥造肥，做好防冻措施。这时候，中耕松土、培土壅根、防冻保苗、清理水沟等工作也很重要。

冬至日采菠菜

谚语

· 冬至大如年。

· 吃了冬至面，一天长一线。

· 不到冬至不寒，不至夏至不热。

· 冬至萝卜夏至姜，适时进食无病痛。

· 冬至不喂牛，春耕要发愁。

传统习俗

祭祀祈福

冬至是祭天祀祖的日子，皇帝要到郊外举行祭天活动，百姓要祭拜已故长辈。特别是明、清两代，皇帝会组织祭天大典，叫作“冬至郊天”。人们还在冬至这一天祈福，祈求消除疫疾，减少饥荒与死亡。

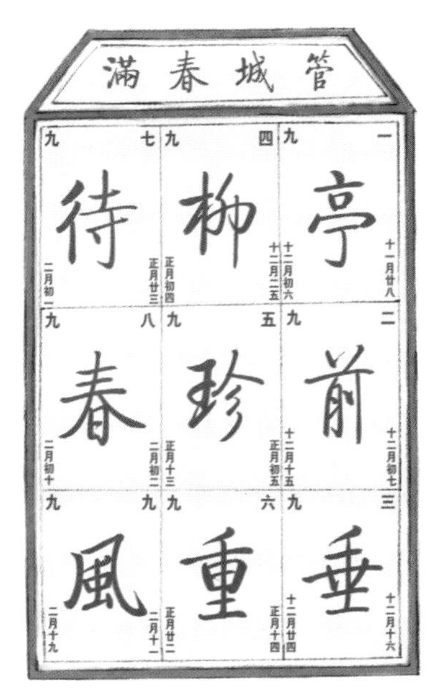

画《九九消寒图》

冬至日，中国民间有贴绘《九九消寒图》的习俗。消寒图是记载进九以后天气阴晴的“日历”，人们用它来预卜来年丰歉。在古代，人们从冬至开始，每天按照笔画顺序填充一个笔画，每过一九填充好一个字，直到九九之后春回大地，一幅《九九消寒图》才算大功告成，也称作“写九”。

冬至美食

中国人对冬至很重视，把冬至当作一个节日，有庆贺冬至的习俗。人们会在这一天制作各种美食，以庆祝节日。北方有冬至宰羊、吃饺子、吃馄饨的习俗，南方有吃汤圆、红豆糯米饭的习俗。

节气故事会

『冬节丸的故事』

1. 广东潮汕一带，在冬至日，家家户户会在大门的铜环上贴一种特殊的冬节丸。冬节丸是什么东西？原来这是一种地方时令食品。

2. 传说有一年的冬至，一对老夫妇带着女儿逃荒到潮汕一带。老妈妈不幸饿死了，老爸爸讨来一碗冬节丸给女儿吃。女儿不吃，要让给老爸爸吃。两个人让来让去，谁也不肯吃。

3. 老爸爸流着眼泪说："女儿呀，爸爸没法养活你，瞧见你忍饥挨饿，心里很难受。你不如就在这里嫁一户人家，有一碗饭吃也好。"女儿答应了，父女俩就分吃了这一碗冬节丸，从此分离了。

4. 女儿嫁了一户好人家，可总是想着爸爸，每到冬至节尤为难受。她的丈夫知道事情经过后，就在大门的铜环上贴两颗特大的冬节丸，盼着她们父女相会团圆。这个习俗流传下来，人们还把冬节丸的图画贴在炉灶、米缸、犁耙、水车上，祈求神灵保佑生产顺利。

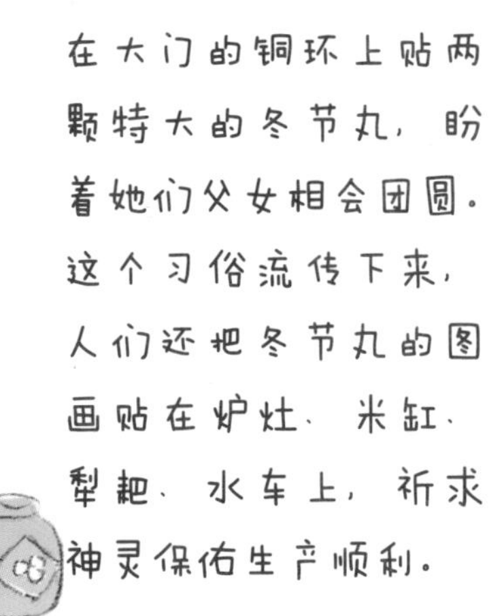

天气很冷了，却还不是最冷。

傲霜的寒梅开放得早，接着还有山茶和水仙。

哦，寒冷并没有完全冻结顽强的生命呢！

这时候大雁已出现在天空中，凋零的大树枝头也有喜鹊在筑巢。

关于小寒

小寒是“十二月节”，农历二十四节气中的第二十三个节气。此时太阳运行到黄经285° 。时间点在1月5日至7日，标志着“三冬”中的季冬开始。俗话说，冷气积久而寒。小寒到大寒节气，是全年最寒冷的时段，《冬九九歌》里说的“三九四九冰上走”就是这个阶段。这时候进入农历年的最后一个月份，叫作“腊月”。

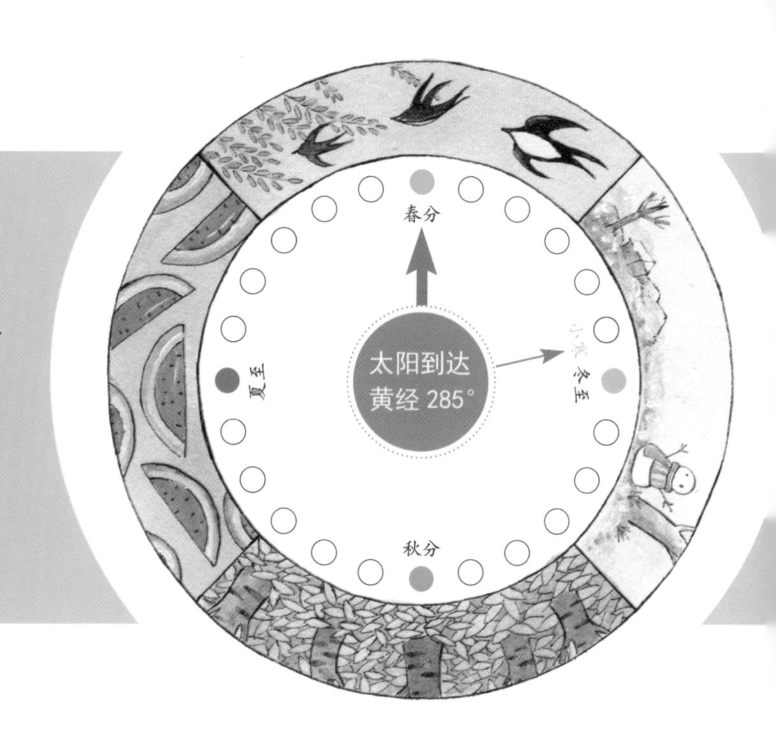

『小寒三候』

初候　雁北乡

尽管小寒节气天气寒冷，飞往南方越冬的大雁却已经离开最热的南方，开始往北飞了一段距离。

二候　鹊始巢

这时候，北方到处可以看到喜鹊。它们已经感受到气候变化，早早在村庄边的大树上做新窝了。

三候　雉始雊

“雊”是鸣叫的意思。雉在“四九”时感受到一些气候变化，开始鸣叫了。

『节气散文诗』

小寒节气是什么样子？请看北宋文学家王安石的一首描述梅花的诗：

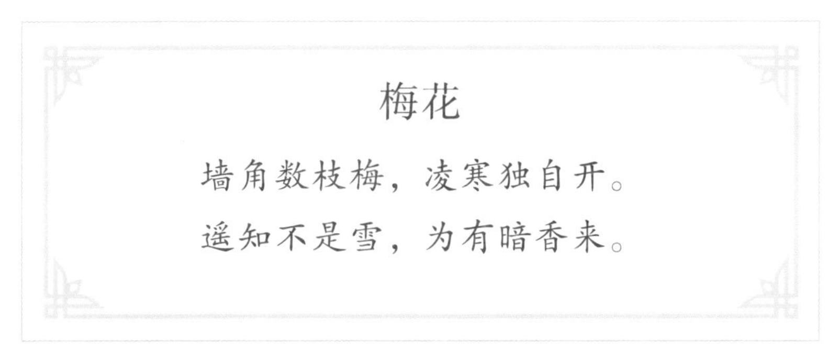

梅花

墙角数枝梅，凌寒独自开。

遥知不是雪，为有暗香来。

你看，在这寒冷的时节，世间所有的花都消失得无影无踪，只有梅花还迎着凛冽的寒气静静开放。

这时候的雪和梅花都是寒冬的代表，它们有什么差别呢？

梅花没有雪那样白，却有雪所没有的幽香气息。

梅花没有雪那样平淡，它向周围冰凉的世界传送出一阵阵高雅的暗香，显示出高尚的精神追求和思想情操，真的与众不同。

在这寒冷的时节，诗人们用不畏严寒、敢于傲霜斗雪的寒梅与雪比较，也就把握住这个节气的特点了。

亲爱的朋友，你们也仔细琢磨一下，此时此刻的寒梅精神吧。

『二十四番花信风·小寒』

农业生产活动

小寒时节的气温很低，小麦、果树、蔬菜、畜禽等容易遭受冻害，所以加强防寒保护非常重要。

这时候，在北方大部分地区，地里已经没有农活了。农民伯伯累了一年，也该歇冬了。南方的一些地区，农民却还在给田里的小麦、油菜等作物追冬肥，为越冬蔬菜覆盖干稻草，以防庄稼受冻。

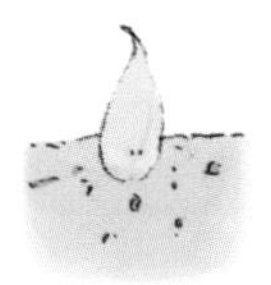

1. 种植期

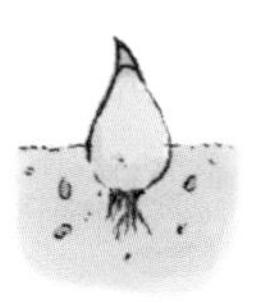

2. 萌芽期

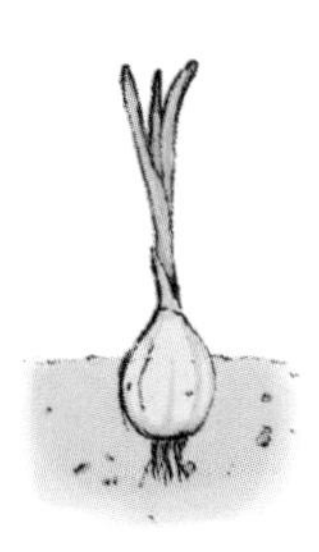

3. 蒜薹生长期

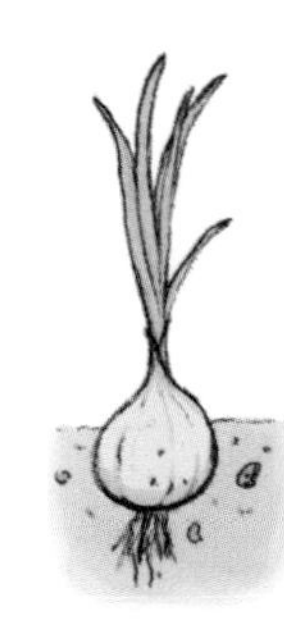

4. 鳞茎（蒜头）膨大期

大蒜的生长过程

谚语

· 小寒大寒，冻作一团。

· 腊月大雪半尺厚，麦子还嫌被不够。

· 九里雪水化一丈，打得麦子无处放。

· 腊月三场雾，河底踏成路。

传统习俗

喝腊八粥

小寒时节进入农历年的腊月，全国各地有喝腊八粥、腌腊八蒜、做腊八豆的习俗。“腊八”这天，人们把糯米、红枣、莲子、核桃、杏仁、松仁、桂圆、白果、花生等各种各样的东西，放在一起熬煮，做成营养丰富的腊八粥。

腊八蒜的制作过程：

1. 备好原料与容器：大蒜头、米醋、白糖、玻璃坛子；2. 大蒜头剥成一颗颗，去皮；3. 把蒜放入玻璃坛子中，倒入米醋和一些糖；4. 密封坛子，泡足两周后，等蒜变绿即可开封食用。

赏梅，喝腊梅花茶

小寒时节，我国很多地方的人会聚在一起赏梅，然后摘一些腊梅花瓣煮茶喝。梅花茶不仅很香很可口，也有保健的功效。古人说，小寒节气吃梅花茶，来年的疾病会少很多。

节气故事会

『火神节的故事』

1. 传说很久以前，一个鄂温克族的猎人外出打猎，他又累又饿，便在一个山洞里睡着了。等他醒来一看，猎枪已经腐烂了。他慌里慌张往回赶，一路上的风光也变了样，他找不着自己的家了。

2. 他走了很久，好不容易才瞧见两个毡房，一家穷，一家富。他走到穷人家，得到很好的招待，富人家却没有理睬他。这时候，他忽然听见毡房上面有人说话，原来是火神在讲话。

3. 火神说："你来的这一家人好，会得到我的保护。我要惩罚冷漠的那一家，不会让他们有好结果。"说着，富人家的毡房忽然着了火，一下子被烧得精光，牲口也跑得无踪无影。

4. 从此，鄂温克人开始祭祀火神，每年小寒时节都要宰杀肥羊，把羊头和羊胸脯上最好的肉烤制好，奉献给善恶分明的火神爷爷，祈求他保佑这个畜牧民族牲畜平安，人丁兴旺。

一阵阵寒风，一阵阵寒潮。

雪花满天飞，北风整日整夜呼啸，天气冷得不能再冷了。

天寒地冻，大地冷冷清清，仿佛失去了生机。不过农历春节很快就要到了，村庄里开始有了过年的气氛。

关于大寒

大寒是“十二月中”，农历二十四节气中的最后一个节气。此时太阳运行到黄经 300° 。时间点在 1 月 19 日至 21 日，仍然处在“三冬”中的季冬阶段。大寒和小寒、小暑、大暑、处暑一样，都是反映气温变化的节气。小寒节气之后的大寒是数九严寒，正所谓“四九夜眠如露宿”，寒潮活动最为活跃，中国大部分地区进入一年中最寒冷的时期。过了大寒就是立春，新一年的节气轮回即将到来。

『大寒三候』

初候　鸡始乳

大寒时节，春天的脚步越来越近，在我国南方很多地方，母鸡可以孵小鸡了。

二候　征鸟厉疾

这时候，老鹰一类的猛禽杀气腾腾，在空中盘旋，到处寻找食物，补充身体的能量，以抵御严寒。

三候　水泽腹坚

“三九四九冰上走。”这时候，湖泊中的冰一直冻到水中央，而且最厚、最结实。

『节气散文诗』

大寒时节有多冷？请看南宋文学家陆游的一首诗：

大寒（节选）

大寒雪未消，闭户不能出。
可怜切云冠，局此容膝室。

你看，大寒这一天，积雪没有融化，人们只好关着门不出去。可惜我戴着漂亮的高高的帽子，只能整天窝窝囊囊地憋在这个脚也转不开的小屋子里。

大寒节气的世界是什么样子？

瞧吧，河里，山上，到处都是冰呀雪的。

啊呀呀，旧雪还没有融化，新雪又堆满了门。庭院里的台阶冻得好像银光闪亮的硬板板，亮晶晶的冰钟乳垂挂在屋檐下。寒风呼啸着，太阳似乎也被冻成一个团团，散发不出一丁点儿光辉。

这就是大寒的天气，一露头就给人一个下马威。

虽然大寒节气还十分寒冷，但春天的脚步靠近，中国人最重要的节日——春节要到了，人们都开始为新年兴奋起来。

『二十四番花信风·大寒』

农业生产活动

大寒时节，寒潮一次次南下，势力越来越强，活动越来越频繁。这时候风大，温度低，许多地方的地面盖满了雪，一派冰天雪地的严寒景象。各地要特别注意预防大风、大雪等灾害性天气的发生，及时做好应对工作。北方地区要特别重视牲畜和越冬作物的防寒防冻，同时抓紧积肥堆肥，为来年春耕做好准备。南方地区要做好田间管理，一些地方还要趁机消灭田鼠。

农民捕捉田鼠

谚语

- 小寒不如大寒寒，大寒之后天渐暖。
- 小寒大寒，杀猪过年。
- 小寒大寒，严防火险。
- 大寒到顶点，日后逐渐暖。

传统习俗

祭灶王爷

大寒节气时常与中国传统节日“小年”重合。传说灶王爷是玉皇大帝派到人间观察善恶的神仙。每年“小年”这一天，灶王爷会向玉帝禀告人间善恶是非，把这些作为对人类奖惩报应的依据，所以人们会在这一天祭祀他，祈求他在玉皇大帝面前帮人们说好话。

准备过春节

春节马上就要到了，家家户户都在为过春节忙碌着。大人带着孩子糊窗户，贴窗花，大扫除，把家里打扫得干干净净的，准备过一个热闹祥和的春节，也希望来年有一个好盼头。

尾牙祭

尾牙源自于拜土地公做“牙”的习俗。所谓农历二月二为头牙，农历十二月十六正好是尾牙。这一天买卖人要设宴，白斩鸡为宴席上不可缺的一道菜。据说鸡头朝谁，就表示老板第二年要解雇谁。因此老板一般将鸡头朝向自己，以让员工们能放心地享用佳肴，回家后也能过个安稳年。

『结冰筑城的故事』

1.《三国演义》第59回中有一个精彩的故事。公元211年的冬天，曹操西征马超，在一马平川的平地上，抵挡不住马超的西凉骑兵。曹操派最勇猛的许褚光着膀子出战。不料，许褚手臂上中了两箭，不得不败退下来。

2. 打不过，就防守吧。可是这儿全是沙土，没有石头，也没有山丘，没法修筑营寨，真伤脑筋。正在这个节骨眼儿上，外面一个奇人来到这儿，给曹操出了一个高招。

3. 干脆用沙土筑城，从上到下用水浇灌。因为天气太冷，含水的沙土一夜之间就“冻”成一座城。曹操打算好好谢谢他，他却一转身就走了。这件事，这个人，真神秘呀！

4.《三国演义》里没有说这个高人是谁。另一本书上介绍，这是终南山的一个隐士，道号“梦梅居士”，名叫娄子伯。如果这件事是真的，这个人真了不起。

冬

发挥你的聪明才智，寻得宝藏并走出迷宫吧！

踏雪寻梅

1＝E $\frac{2}{4}$

活泼地，愉快地

作词:刘雪庵
作曲:黄自

mp

(1 5 1 5 | 1 5 1 5) | 3 5 5 1 2 | 3 0 | 3 6 5 1 2 |

雪 霁 天 晴 朗 腊 梅 处 处

3 0 3 5 | 1̇. 7 | 3 6 5 | 5 3 2.1 | 1 0 |

香 骑 驴 把 桥 过 铃 儿 响 叮 当

p

3 5 5 0 | 2 5 5 0 | 3 5 5 0 | 1̇ 1̇ 1̇ 0 | 0 1 3 5 |

响 叮 当 响 叮 当 响 叮 当 响 叮 当 好

f

1̇ 7. 5 | 3 6 5 | 5 1 2 3 4 | 5 5 | 5 3 2.1 |

花 采 得 瓶 供 养 伴 我 书 声 琴 韵 共 度 好 时

1 0 ‖

光

踏雪寻梅

词：刘雪庵

曲：黄自

雪霁天晴朗，

腊梅处处香，

骑驴把桥过，

铃儿响叮当。

响叮当，响叮当，

响叮当，响叮当，

好花采得瓶供养，

伴我书声琴韵，

共度好时光。

扫码获取

免费音频资源

（音乐：童声+合唱）

晒一晒你所关注到的冬天